知ろう！学ぼう！障害のこと

ダウン症のある友だち

監修　**久保山茂樹**（独立行政法人 国立特別支援教育総合研究所 総括研究員）
　　　村井敬太郎（独立行政法人 国立特別支援教育総合研究所 主任研究員）

ダウン症のある友だちがいる君へ

　私たちが住んでいる社会は、いろいろな人によってつくられています。運動が得意な人、絵をかくのが上手な人、音楽が好きな人、笑顔がすてきな人、友だちを笑わせることができる人……。誰ひとりとして、同じ人はいませんね。ひとりひとりが大切な存在です。みんな、自分のいいところを発揮して、苦手なところを補いあって生きています。この本で紹介するダウン症のある友だちも、この社会をつくっている大切な仲間です。

　ダウン症のある人は、染色体という体の設計図の影響で、いろいろな特徴があります。中には、運動の障害や知的障害があったり、病気があったりする人もいます。障害や病気があると聞くと「大変だな」とか「つらいだろうな」と思うかもしれません。確かに、大変なことやつらいこともあります。でも、厚生労働省が2015年に実施した調査によれば、ダウン症のある人の9割が「毎日幸せ」と感じているそうです。

　ダウン症のある人は、どうして「毎日幸せ」と言えるのでしょうか。この本を読むことで、ダウン症のことやダウン症のある人について知ったり、考えたりしてほしいと思います。そして、みんなが「幸せ」と言えるような社会をつくる人に、なってくれたらうれしいです。

監修／久保山 茂樹（独立行政法人 国立特別支援教育総合研究所 総括研究員）
村井 敬太郎（独立行政法人 国立特別支援教育総合研究所 主任研究員）

※「障害」の表記については多様な考え方があり、「障害」のほかに「障がい」などとする場合があります。この本では、障害とはその人自身にあるものでなく、言葉の本来の意味での「生活するうえで直面する壁や制限」ととらえ、「障害」と表記しています。

もくじ

インタビュー ダウン症のある友だち	4
❶ ダウン症って何だろう？	6
❷ ダウン症のある友だちの悩み	10
❸ こんなときはどうする？	12
❹ ダウン症のある友だちの進学	16
❺ 学校での取り組み	18
❻ 学校外での生活	22
❼ 社会での支援と仕事	24
コラム 思いのたけを表現する	26
❽ 苦手をサポートする道具	28
❾ 仲よくすごすために	30
支援する団体	35
さくいん	36
あとがき	38

インタビュー

ダウン症のある友だち

小林諒大くんは、山梨大学教育学部附属特別支援学校の6年生。
学校生活や地域の活動など、何でも一生懸命に取り組む、みんなの人気者です。
そんな諒大くんとお母さん、お姉さん、先生たちに、諒大くんのことを聞いてみました。

Q.1 諒大くんはどんな性格ですか？

A 陽気でやさしい、ムードメーカーです。

お母さんのコメント
明るくて世話やき。その場の雰囲気をなごませる、陽気でやさしいムードメーカーです。みんなを笑わせたり、喜ばせたりすることが大好きな子です。

Q.2 学校生活は楽しんでいますか？

A はい。毎日がとても楽しいです。

諒大くんのコメント
修学旅行で、東京ディズニーランドに行きました。歌って踊るショーが、かっこよかったです！

先生のコメント
小学部では、リーダーとしてみんなから頼られています。文化祭の劇では、パン屋さんの店長役でした。

学校の音楽の時間。歌に合わせて踊るのが大好き。

Q.3 「キッズステーション甲府」では、どんな活動をしていますか？

A 歌ったり、ものづくりに挑戦したりしています。

キッズステーション甲府の支援員さんのコメント
キッズステーション甲府では、いろいろな学校・学年の友だちと仲よくしています。料理や図工など、テーマを決めて活動しますが、諒大くんは音楽の時間を一番楽しんでいますね。最近はステンドグラス作りにも挑戦。習字も上手に書けました！

支援員さんや友だちとブロック遊び。

ミュージカルのワンシーン。諒大くんは猫を演じた。

Q.4 好きなこと、得意なことは?

A 音楽が大好き！ミュージカルにも出演しました。

お母さんのコメント
とにかく歌って踊ることが大好き。音楽を聞くと、自然と体を動かし、リズムをとっています。最近はミュージカルに親子で参加。家でも、ダンスの動画を観ながらレッスンし、せりふもしっかり覚えました。

Q.5 家族とは、どんなふうにすごしていますか?

A 家族とのふれあいを大切にしています。

お姉さんのコメント
小さいころから、3歳上の私と追いかけっこやかくれんぼ、泥遊びなどをしていました。ときどきけんかもしますが、やっぱり弟としてかわいい。ずっとこのままでいてほしい気持ちと、成長してほしい気持ちの両方があります。

お母さんのコメント
家族でカラオケに行くこともあります。休日は、お父さんといる時間も楽しんでいます。

Q.6 大人になったら、なりたいものは?

A 学校の校長先生になりたいです。

諒大くんのコメント
校長先生になって、楽しい学校を作りたいな。

お姉さんのコメント
何でも積極的に取り組む大人になってほしいです。

お母さんのコメント
もうすぐ中学生。そろそろ男の子から、男の人になっていく時期です。将来は、社会に出て、自分で生活する力が身についてくれたらうれしいですね。

先生のコメント
下級生の面倒もよくみてくれて、リーダーらしくなってきました。中学部ではぜひ、生徒会の役員にも立候補してほしいですね。

❶昼休みに先生とバレーボール。❷お母さんが作ってくれた、ミュージカルの衣装。❸お気に入りのポーズ「幸せ！」❹キッズステーション甲府で書いた習字。

※年齢は取材当時のものです。

part 1 ダウン症って何だろう？

ダウン症には、いろいろな特徴があります。でも、その特徴がダウン症のある人のすべてにあてはまるわけではありません。ひとりひとり、みんなちがっています。

1 ダウン症の特徴

私たちの体は、たくさんの小さな細胞からできています。細胞の中には、両親から受け継いだ遺伝情報が入っている染色体があります。ダウン症は、染色体が変化しておこる、生まれつきの障害です。染色体は、2本で1組になっていて、人の場合は23組で合計46本あります。このうち、21番目の組が1本多く、3本で1組になっていることで、ダウン症が発症します。ダウン症のある人は、およそ1000人に1人の割合で生まれています。

ゆっくり大きくなる

個人差はありますが、ダウン症のある子どもは、体や心がゆっくり成長します。立つ・歩く・話すなどの発達も、ほかの子どもよりおくれることが多いです。ただし、いずれは、いろいろなことができるようになります。まわりの人と進んで関わり合うことで、発育が早まることもあるようです。

筋肉・関節がやわらかい

筋肉・関節が大変やわらかいため、特に幼いころは、背中がぐにゃりとして、姿勢よく座れなかったり、うまく歩けなかったりします。早くから特別な運動の学習をすると、そういった問題は目立たなくなっていきます。また、首のつくりが弱い人もいるため、首を強く押すようなことや、でんぐり返しなどには注意が必要です。

小がらでふっくらとしている

ダウン症のある人は背が低く、ふっくらとした体型の人が多いようです。あごの力が弱いので、食事中ものをしっかりかめずに、飲み込んでしまうことがあります。そのため、なかなか満腹感を得られず、食べすぎてしまうのも、ふっくらとする理由のひとつと言われています。また心臓病などの病気があると運動不足になり、太りやすくなります。

やさしい顔つき

　ダウン症のある人は、やさしく親しみやすい顔だちが多いようです。そして、頭や鼻、耳、目じりなどの形に特徴があります。

ことばや数の学習がゆっくり

　ダウン症のある子どもは、ことばを覚えるのに時間がかかります。そのため、うまく話せないことがあります。例えば、話したいと思ったり、一緒に遊びたいと思ったりしても、ことばで気持ちを伝えられないことがあります。また、数を数えることや、たし算やひき算、お金の計算、時計の読み方なども、時間をかけて覚えていきます。

ものごとを理解する力が弱い

　ものごとを覚えるのに時間がかかるのは、知的能力の発達のおくれが原因となる場合があります。すばやく理解し、判断する力が弱いぶん、一生懸命取り組もうとします。動きがゆっくりなのは、筋肉や関節がやわらかいことのほかに、心臓や目、耳などに問題がある場合もあります。

ここが知りたい　知的障害について

　知的障害のある人は、同じ年の人たちよりも、発達や行動がゆっくりしています。同じ知的障害があっても、多くの支援が必要な人もいれば、少ない支援で生活を送れる人もいて、さまざまです。

　知的障害のある人と関わるときに大切なことは、その人にとってわかりやすい方法で伝えることです。ことばを理解することが苦手な人が多いので、簡単な言い方をするように心がけるとよいでしょう。また、話し方だけでなく、伝えたいことを紙に書いて、目に見える形にするのも親切な方法です。相手の話を聞くときは、ゆっくりとした心持ちで、やさしく耳をかたむけることが大切です。

　知的障害のある・なしにかかわらず、相手の気持ちを考え、一緒に勉強したり遊んだりしましょう。

人の気持ちにびんかん

　ダウン症のある友だちは、周囲に気を使う人が多いようです。やさしい心を持っているので、困っている人を見ると、放っておけなくなる子が少なくありません。人の気持ちにびんかんで、いつも相手の立場になって考えています。
　また、自分がいやだと思うことがあっても、相手の気持ちを考えて、いやだと言えなくなってしまうこともあります。

最後までやり遂げたい

　ダウン症のある友だちは、まじめで、努力家な人が多いようです。ものごとを途中でやめずに、最後までやり遂げたいと考える子がたくさんいます。
　一方、行動の切り替えが苦手な面もあります。事前に「この時間になったら終わり」などという見通しを持っておくと、とまどわずに切り替えられる人もいます。

2 こんな大変な思いをすることも

　ダウン症のある友だちの中には、目や耳、心臓などに何らかの問題がある人もいます。
　例えば、目については、遠くのものが見えにくい「近視」や、視力が弱い「弱視」になることがあり、本を近づけて読んだり、顔を近づけて話したりする友だちがいます。ほかにも、左右の目の向く方向がずれる「斜視」、レンズの役割をする水晶体が白くにごってしまう「白内障」などになることもあります。また、目やにや鼻水が出やすい友だちもいます。
　耳では、鼓膜の内側で炎症が起こる「中耳炎」や、耳が聞こえにくくなる「難聴」にかかることがあります。
　心臓の弱い友だちは、走ると息切れがして、すぐにつかれてしまいます。また、心臓に穴があき、一部の血液が逆に流れる病気になってしまう友だちもいます。しかし、その病気は最近、生まれてすぐに手術を受ければ、治ることが多くなりました。

3 ダウン症の原因は何かな？

人の誕生は、お母さんとお父さんの細胞が結びつくことから始まります。この細胞は生殖細胞と呼ばれていますが、お母さんの生殖細胞は卵子、お父さんのは精子と言います。2つの細胞が結びついたものを受精卵と言い、成長すると赤ちゃんになります。

人にはもともと46本の染色体がありますが、卵子や精子がつくられるとき、染色体は半分の23本になります。そして、卵子の23本、精子の23本が合わさって、染色体が23組、46本の受精卵になるのです。

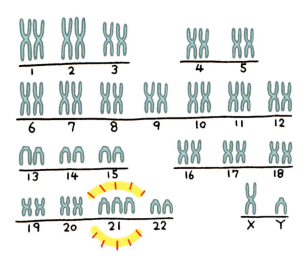

ところが、卵子か精子がつくられるときに、染色体が24本になることがあります。そのような卵子や精子からできた受精卵の染色体の数は、合計で47本になります。上の図のように、21組目の染色体が1本多い状態になると、ダウン症が発症します。ダウン症のほとんどは親からの遺伝が原因ではありません。

染色体が47本あると、赤ちゃんがお母さんのおなかの中で亡くなってしまうことが多いとされています。しかし、ダウン症のある友だちは、この厳しい状況をのりこえて、生まれてきたのです。

考えてみよう　こんなこと言っていないかな？

- ☐ ダウン症のある友だちは、サッカーにさそわない方がいいのかな？
- ☐ ダウン症があるから、ダンスが得意なんだね。
- ☐ ダウン症があるなんて、かわいそう。

ダウン症のある友だちの中にも、体が丈夫で、運動が好きな人もいます。ダウン症のある友だちはこうだと決めつけず、ひとりひとりと向き合いましょう。

また、ダウン症があることは、その友だちの人生の中で、1つのできごとにすぎません。友だちの個性とダウン症を、安易に結びつけるのはやめましょう。

そして、ダウン症のある友だちは、ダウン症のために大変な思いをすることもあります。しかし、ダウン症のある友だちの多くが、幸せに暮らしています。「かわいそう」ということばは、使い方をまちがえると相手の幸せな生活を否定し、いやな気持ちにさせるので、気をつけましょう。

part 2
ダウン症のある友だちの悩み

ダウン症のある友だちは、どんなことに悩むことが多いのでしょうか？　友だちの声を聞いて、友だちの気持ちになって、解決方法を考えてみましょう。

ケース1　言いたいことを、伝えられないな

昨日のテレビ、すごくおもしろかったから友だちに話したいんだけど、ことばにするのが難しいな。発音もうまくできなくて、何度も聞き返されちゃう。そう言えば、この間、レストランで「ライス」を注文したとき、うまく言えなくてアイスが出てきちゃったな。

- ことばにつまっていたら、「あつい?」「さむい?」のように、「はい／いいえ」で答えられる質問をしてみよう。
- 舌や顔の筋肉が動かしづらくて、うまく言えないときがあるよ。例えば、「ライス」なのか「アイス」なのかわからなかったら、「ライスかな?」と、聞き返してみよう。

ケース2　顔を近づけないと、見えないな

「どうして顔を近づけてくるの?」って言われるけど、ぼくは近視だから、遠くが見えづらいんだ。みんなの顔や、ものをしっかり見たくて、顔を近づけてしまうんだ。

- 顔を近づけてくるということは、見えにくいということ。
- 絵や文字を見せるときは、大きくかこう。

ケース3 いやな気持ちをがまんしちゃう

ぼくはね、まわりの人の気持ちや、雰囲気を感じやすいんだ。自分がいやだと思っても、それを伝えて友だちが悲しんだらどうしようって思って、がまんしちゃうことが多いんだよ。しゃべるのが苦手で、言いたくても言えないときもあるんだ。

- 自分に悪気がなくても、相手をいやな気持ちにさせてしまうことってあるよね。ふだんの会話の中でも、友だちの表情を見て、気にかけるようにしよう。
- 何か言いたそうだったら、こちらから聞いてみるのもいいね。

ケース4 一生懸命やってもゆっくりになっちゃう

細かい手先の作業とか移動に、時間がかかっちゃうの。でも、わざとゆっくりしているんじゃないんだよ。あと、友だちのことがすぐに心配になるから、自分のことができていなくても、ついつい手伝っちゃう。

- 「早くして」など、急がせることを言わないようにしよう。
- 大変そうにしていたら、「手伝おうか」と声をかけてみよう。

part 3 こんなときはどうする？

友だちとより楽しく遊ぶためには、ちょっとした思いやりが大切です。ここでは、ダウン症のある友だちと一緒にすごすときに、どんな気づかいをすればよいのか、考えましょう。

解決方法を考えてみよう

ダウン症のある友だちは、体も心もゆっくり成長することが多く、みんなと行動をともにするとき、どうしていいか、わからなくなってしまうこともあります。

ここでは、それぞれのできごとについて、ダウン症のある友だちから、なぜそうなるか、どうしてほしいのか聞いてみました。

この本のp.30〜34には、解決するためのヒントが書かれています。自分で少し考えてみてから、読んでみましょう。

1 体育の時間に遊んでいるよ

昨日のダンスの時間は、楽しく踊っていたたかしくん。今日、サッカーの時間になったら、急にぐずぐずしだしたよ。

「ゲームスタート！」って先生が合図しても、ひとりコートから外れて、知らんぷり。

友だちが「一緒にやろう」って言ったら、暗い顔をしてにげちゃった。せっかく、さそったのに……。

とうとう、すべり台で遊びだしてしまったよ。体育は、みんなで一緒に運動をする時間なのに、なぜ別のことをするんだろう。たかしくん、サッカーがきらいなのかな？

サッカーのルールって難しいな。

ダンスや泳ぐことは大好き。でも、サッカーは苦手だな。

生まれつき心臓が弱くて、激しい運動をするとすぐつかれちゃう。

筋肉の力が弱いから、ボールを強くけると足がいたくなっちゃうな。

2 給食の時間が終わったけど食べているよ

　待ちに待った給食の時間。「いただきます！」と言って、みんないっせいに食べ始めたよ。かおりちゃんも、にこにこしながら、おいしそうに食べているね。
　でも、「ごちそうさま」をしたあとで、まだご飯が半分も残っていて、ひとりで食べているよ。食べきれなくて、残してしまうときもあるみたい。
　食べるのがゆっくりなのに、人の話にはよく耳をかたむけて、笑っているね。「かおりちゃん、早く食べないと！」って言ったら、悲しい顔をされちゃった。

> 筋肉の力が弱いから、食べものをかんだり、飲み込んだりする力も弱いの。
>
> ゆっくりじゃないと食べられないのに、「早く食べて」って言われると、悲しくなっちゃう。
>
> みんなといると楽しくて話を聞きたくなるから、よけいに食べるのがおそくなっちゃうな。

3 何て言ってるのかな？

　さとしくんは、みんなと一緒にいるのが大好きで、にこにこしながら話をするよ。
　今日の休み時間も、私たちとおしゃべり。でも、半分は何を言っているのかわからないな……。
　音楽の授業であったこととか、一生懸命話してくれるんだけど、聞き取れない。どうすればいいのかな？

> 舌をうまく動かせなくて、上手にしゃべれないんだ。
>
> みんなといると楽しいし、たくさん話したくなる。それで、早口になっちゃうんだ。上手に話せるようになりたいな。

ケース4 とつぜん、座り込んじゃった

みなみちゃんは、歌が好きな明るい子。めんどうみもよくてやさしいんだけど、急にだまり込んじゃうときがある。

今日のお昼休みも、それまでしていたバレーボールをやめて、フリスビーを始めようとしたら、座り込んで動かなくなっちゃった。「こんなところで座らないでよ！」って怒ったら、落ち込んだ顔をして、私を見てくれない。

気持ちの切り替えをしないといけないって思っているんだけど、うまくできないときがある。

怒られるとすごく落ち込んじゃうな。

考えても、ことばでうまく伝えられない。それで、動けなくなっちゃうの。

ケース5 先生の指示とちがうことをしている

工作の時間、先生が「今日は色えんぴつをたくさん使って、カラフルな動物の絵をかきましょう」と言ったら、けんたくんは楽しそうにかき始めたよ。

でも、けんたくん、なぜか花の絵をかいているの。けんたくん、ゾウが好きなんだから、ゾウの絵をかけばいいのに。先生が動物って言っているのに、どうしてわからないんだろう？

教えた方がいいかな……？

「動物」って言われても、すぐにイメージできないこともあるんだ。「ゾウ」「ウサギ」みたいな言い方にすればすぐにわかるかも。

先生の話を一生懸命聞いても、わからないときがあるよ。特に、「色えんぴつをたくさん使う」「カラフルな」「動物の絵」とか、いろいろなことを一度に言われるのは苦手だな。

ケース6 「いつもの公園がいい」と言っているよ

　私とえりかちゃんは大の仲よし。今度の日曜日、お互いの家族と一緒に遊びに行くことになったの。
　最初は何度か行ったことのある公園で遊ぶ予定だったんだけど、最近、新しい遊園地ができたから、そこに行くことになった。私、わくわくしていたのに、えりかちゃんは「公園がいい」と言って泣き出しちゃった。どうしてなんだろう？

はじめて行く場所って、少し怖いな。

遊園地がどんな場所で、何があるのか、わからないな。

急に予定が変わると、とまどっちゃう。

ケース7 ぼくがイライラしてたら、落ち込んじゃった

　宿題を忘れちゃって、先生に怒られたんだ。自分が悪いのはわかってるけど……あんなに怒らなくたっていいじゃないか。イライラしちゃうなあ。あれ？　ぼくの様子をみて、とおるくん、落ち込んでるよ。とおるくんには関係のないことなのに、どうして？

友だちがイライラしていると、心配になって気持ちがしずんじゃう。

困っている人を見ると気になって、自分のやるべきことより先に、助けたくなっちゃう。

part 4 ダウン症のある友だちの進学

ダウン症のある友だちは、就学前に家族の人や市町村の教育委員会などと相談し、自分に合った学校に入学します。その後も、さまざまな選択肢から、自分らしく学べる場を選んでいきます。

1 インクルーシブ教育システム

「インクルーシブ教育システム」とは、障害のある人とない人ができるだけ同じところで学ぶしくみを言います。

人間は、ひとりひとりちがいます。インクルーシブ教育システムではそのちがいを尊重し、必要な場合は手助けをしながら、みんなでともに学ぶことを目指しています。

しかし、筋力の弱いダウン症のある子には正しい姿勢で歩く練習が、視覚障害のある子には点字の読み方が必要なように、学習するべきことは人によってちがいます。

そのため、インクルーシブ教育システムではすべての学びを一緒にするのではなく、特別支援学校、特別支援学級、通常の学級などのいろいろな場を用意しています。さらに、それらの児童・生徒が、交流する機会も作っています。

2 特別支援学校

特別支援学校は、ダウン症をはじめ、さまざまな障害のある友だちが通っています。それぞれに小学部・中学部・高等部があって、ひとりひとりに合った学習が行われます。ただし、学校によっては小学部だけ、中学部だけなどのところもあります。

特別支援学校は、「養護学校」など、地域によって呼び方にちがいがありましたが、2007年4月から、特別支援学校が正式名称となりました。特別支援学校は、地域の小学校、中学校などから、障害のある友だちへの教育に関する相談も受けています。

3 特別支援学級

小学校、中学校の中に、通常の学級とは別に特別支援学級を設けているところがあります。そこでは、障害のある友だちが、ひとりひとりに合った授業を受けられます。そのため、1クラスの人数は少なく、教科書や時間割も特別なものを使うことが多いです。また、学習がスムーズにできるよう、その人にあった補助道具（グッズ）を使うこともあります。

また、ふだんは通常の学級で授業を受け、ときどき特別支援学級に参加する友だちもいます。

ただ、特別支援学級のある学校や特別支援学校は数が限られているため、遠方からスクールバスで通っている人も多く、保護者の送りむかえで通学している人もいます。

4 進路

ダウン症のある友だちの中には、小学校に入る前に児童発達支援センターなどの施設に通う人もいます。

幼稚園と、小学校から高等学校までの通常の学校や特別支援学校には、特別支援教育コーディネーターと呼ばれる人がいる場合がほとんどです。特別支援教育コーディネーターは、学校外との機関と連絡を取り合い、障害のある友だちが自分らしく学べる環境を整える仕事をしています。

高等学校卒業後、多くの友だちは仕事に就きますが、専門学校や大学へ進学する人もいます。

●ダウン症のある友だちの進路

就学前

- **保育所・幼稚園**：友だちと遊びながら、さまざまなことを学んでいく。
- **児童発達支援センター**：障害の程度に合わせて、学んだり、遊んだり、訓練したりできる。保育所や幼稚園へ通いながら、利用できる施設もある。

特別支援学校

小学部
- それぞれの障害に合わせ、使いやすい教材や教具を使って学習。
- 教科の勉強だけでなく、生活に必要な力を身につけられる授業がある。

中学部
- 小学部から、そのまま進学する友だちが多い。
- 小学部・中学部ともに、通学ができない友だちは、先生に訪問してもらう場合もある。

高等部
- 教科の学習のほか、社会に出てから役立つような作業も学習する。
- 就職にそなえた現場実習などの授業も行われる。

地域の学校

小学校　特別支援学級　通常の学級
- ふだんは通常の学級で授業を受け、ときどき特別支援学級に参加する友だちもいる。

中学校　特別支援学級　通常の学級
- 高校進学を目指して教科を勉強したり、生活に必要なことを学んだりする。

高等学校
- 平日の昼間に授業をする全日制のほか、夜間に授業をする定時制、家で勉強をする通信制のある学校もある。
- 通常の学級のみで、特別支援学級はない。

就職
- さまざまな会社や役所、作業所などで仕事をする。

進学
- 専門学校：社会で働くために役立つ知識や技能を身につける。資格を取ることができる学校もある。
- 大学：4年制のほか、2年制や3年制、夜間コースも。

part 5 学校での取り組み

山梨県甲府市にある「山梨大学教育学部附属特別支援学校」は、知的障害のある友だちの通う学校です。通常の小学校にあたる小学部から、高校にあたる高等部までの友だちが通っています。

1 1日の流れ

山梨大学教育学部附属特別支援学校では、ひとりひとりの発達に合わせた授業が行われています。小学部は、低学年、中学年、高学年の3クラスにわかれています。高学年のクラスで学習する小林諒大くん（p.4でも紹介）の1日に密着しました。

①朝の会／朝の体育

登校すると、ロッカーの前で着替えをしてから、身のまわりのものを片づけます。それから、それぞれの係の仕事をしたあと、「朝の会」と「朝の体育」が始まります。

何をしているの？
- 諒大くんは、花に水をあげる係。ほかの友だちは、加湿器の水を取り替える係や、給食のメニューを書く係などを担当。
- 「朝の会」では、先生と一緒に今日の予定を確認。
- 「朝の体育」では、跳び箱によじ上ったり、グラウンドを走ったりして体力づくり。
- 先生がダンボールで作ったでこぼこな道を歩いて、基本的な動きを身につける。

先生の声
ゆっくりでもいいので、自分の力で行動することを大切にしています。達成感を得るため、係の仕事ができたらシートにシールをはります。また、朝に運動することで、1日元気にすごせます。

集中して、じっくり取り組む。

数字を覚えるための教具。

②課題学習

今日の授業は「国語」と「算数」。国語では、「ぺんぎん」や「えび」など、「゛」や「゜」のついたことばを、正しく発音しながら覚えます。算数は数の学習。10から20までの数を復習しました。

何をしているの？
- 国語ではほかにも、絵カードに合ったことばを考え、文字を学ぶ。
- 習った文字をプリントに書く。
- 自分の名前を漢字で書く。
- 算数では、教具を使って数字の学習をする。

先生の声
自分のペースで進められるのが課題学習のいいところです。教具は、それぞれに合ったものを、先生が手作りしています。

がんばったら先生とハイタッチ。

③音楽

諒大くんの「スタート!」の合図で、みんなで「今月の歌」を合唱。諒大くんは、タンバリンでリズムをとります。12月の歌は、「ジングルベル」。先生のキーボードに合わせて、楽器遊びもしました。

「パネルシアター」では、正義の味方「かきのきマン」の歌を歌って盛りあがりました。

諒大くんのタンバリンに合わせて歌う。

「かきのきマン」にみんな夢中。

先生の演奏に合わせて、みんなでダンス！

何をしているの？

・「ジングルベル」に合わせて、リズムをとりながらベルを鳴らす。
・「パネルシアター」で、季節にあった題材の劇を観る。友だちとの上手なつき合い方などを学べる。

先生の声
リズムにのって楽しめる曲を題材にすることが多いです。パネルシアターでは、見る、聞く、集中する力をつけてもらうため、おもしろい劇になるよう、工夫をしています。

④給食

待ちに待った給食の時間です。白衣姿の諒大くんは食堂へ。ワゴンにのせた給食を、自分の教室まで運びます。今日のメニューは何かな？

教室に着いた諒大くんは、机の上にトレーを並べます。先生とクラスの友だち、みんなで協力して準備しました。

みんなの給食を運ぶ。

ていねいに配膳する諒大くん。

いつも先生と楽しく食べているよ。

何をしているの？

・諒大くんは、給食の入ったワゴンを教室に移動。
・おかずを盛りつけるのは、先生の役目。ごはんをよそる係もいる。
・トレーの上に、箸や牛乳、おかずを並べて準備完了。「いただきます!」

先生の声
お箸で上手につまんだり、しっかりかんでから飲み込んだりする習慣をつけます。食べることを好きになってもらいたいので、楽しい雰囲気で食事しています。

⑤生活単元学習

今日は、牛乳パックを再利用したはがき作りに挑戦。牛乳パック係、ペットボトル係、流しこみ係など、それぞれの役割分担を決め、作業に取り組みました。

まずは役割決め。

流しこみ係の諒大くん。きざんだ牛乳パックを水にまぜたものを、わくに流しこんでいる。わくを外してかわかすと、はがきができる。

何をしているの?
- 諒大くんは、流しこみ係を担当。きざんだ牛乳パックを水にまぜて、わくに流しこむ。
- 鏡にはってかわかして、完成！

先生の声
役割分担のときは、自分でやりたい係に立候補してもらっています。はがき作りのほかに、畑づくりなどもします。自分で栽培したものを料理し、食べることで、身のまわりにあるものができる過程を学びます。

しんちょうに鏡にはって……。かわいたら完成！

⑥帰りの会

ジャージから洋服に着替えたら、「帰りの会」の時間。今日1日、どんなことをしたか、何が楽しかったかなどをふり返ります。

今日のふり返り。画面には音楽の授業で活躍した諒大くん。

明日の予定を確認する。

今日もしっかり勉強したね。

何をしているの?
- 日直のタンバリンに合わせて、「帰りの歌」を合唱。
- 先生がとった写真を見ながら、今日のできごとをふり返る。
- 明日は、仲よし会（生徒会）の選挙があるよ。

先生の声
今日のできごとをふり返ることで、楽しかったことや、次に必要な勉強が何か、確認します。また、明日の予定を伝えて、見通しをもって登校できるようにしています。

2 その他の授業

①体育

跳び箱や平均台、マットを並べて「きらきらオリンピック」という運動に取り組みました。手押し車やバランス技、跳び箱からの着地など、練習成果をみんなの前で発表しました。

何をしているの？
- ランニングをして、体をほぐす。
- 平均台や跳び箱を使って、基本的な動きを身につける。
- ボールや風船を使った運動もする。

先生の声　いろいろな筋肉を使う運動をし、バランスよく技能を高めます。みんなで一緒に参加することで、より意欲的に取り組めます。

②図画工作

身近な材料を使って、えがいたり、作ったり、かざったりします。作った作品は文化祭で展示します。秋には、自分の好きな秋野菜に手でふれて確かめながら、えんぴつでスケッチし、絵の具でぬりました。

何をしているの？
- 身近な材料でいろいろなものを作る。
- 秋には、思い思いに野菜をえがいたよ。

先生の声　スケッチすることで、ものの特徴をとらえる力をつけてほしいです。みんな、ものに対するイメージを、画用紙の上でよく表現できています。

3 学校行事など

①仲よし会

主に学校行事を企画する、生徒会です。会長と副会長は、中学部と高等部から選ばれます。5月の「仲よし集会」は、小学部から高等部まで、お互いにはげまし合いながら、ゲームする会を企画しました。4月の総会・集会のほか、クラスのリーダーが出席する会議も、定期的に行われています。

②きりの子まつり

毎年10月に行われる、学校最大の行事。今年の小学部は「ぼくらのわくわくパン屋さん」、中学部は「We ♡ おすし」という劇を発表しました。高等部は、ソーラン節を交えた和太鼓演奏を披露。
午後は高等部が、手づくりの陶芸や織物などを販売。保護者や学生ボランティアなども参加して、思い出深いおまつりになりました。

＜その他＞
- 入学式／卒業式
- ふれあいスポーツレクレーション
- 校内宿泊学習
- 校外宿泊学習
- 漢字検定
- 修学旅行
- 芸術鑑賞会
- 地域交流会
- 附属小学校との交流および共同学習
- 冬のお楽しみ会
- 春の遠足／冬の遠足

4 先生たちの工夫

入学した日から卒業する日まで、ひとりひとりの記録がおさめられる「きりの子プラン」。学校での生活や授業、遊びや行事などでの様子が写真つきで細かくまとめられます。6年間の成長がわかり、本人はもちろん、家族の人にとっても、大切な宝物。
その他、教室やろうかにも、みんなの楽しい思い出がいっぱい！

修学旅行、楽しかったな。

part 6

学校外での生活

ダウン症のある友だちは、学校帰りや休日に、スポーツや音楽など、さまざまな活動を楽しんでいます。どんな活動に参加しているのか、紹介します。

スペシャルオリンピックス
4年に一度の夏季・冬季世界大会に向けて

スペシャルオリンピックスは、知的障害のある人たちにさまざまなスポーツトレーニングと、その成果を発表する競技会を開催する、国際的なスポーツ組織です。多くのアスリートが、1週間に1回、2時間ほど、コーチと楽しみながらトレーニングし、その成果を競技会や大会で発表します。4年に一度、全国大会と世界大会が開かれます。世界大会に参加することで、海外のアスリートの技術を学んだり、新たな目標を得たりしています。

ロサンゼルス開催の「2015年スペシャルオリンピックス夏季世界大会」には、164ヶ国が参加。日本は陸上、バドミントン、サッカー、体操など、11の競技に出場。

アスリートひとりひとりに合わせて、プログラムを提供している。

水泳プログラムにも、ダウン症のある友だちが参加。

山の都ふれあいコンサート
音楽を通してコミュニケーション！

山の都ふれあいコンサートは、障害のある人もない人も、ともに参加できます。詩や曲を一般募集し、「オリジナル曲コンサート」として発表したり、ミュージカルを上演したりしています。その中で結成された"ふれコン合唱隊"は、月1回のペースで歌やダンスによるコミュニケーションを楽しんでいます。

2016年、ふれコン合唱隊により行われたミュージカル「幸せの森」。この本のインタビューで紹介した小林諒大くん（p.4）も、ネコ役で出演した。

2011年のふれあいコンサート。あゆみキッズによる「心ひとつに」。

2011年のふれあいコンサート。花笠を持って、「ワッショイ　ソーラン地蔵のお祭りだ」。

バディウォーク
みんなが笑顔で、暮らせる社会に！

　バディウォークは、ダウン症のある人とない人が一緒に歩くチャリティーウォーキングイベントです。ダウン症への理解と、社会的な平等を目指しています。1995年、ニューヨークでスタート。日本でも、東京・愛知・京都・宮城・長崎などで開催され、毎回100〜1500人が参加しています。歩くだけでなく、座ってイベントを観たり、ちがう遊びをしたりしてもいい。みんなが笑顔になれるイベントとして、広がっています。ステージイベントなどもあり、毎年、盛り上がりを見せます。

1マイル（1.6km）の距離を行進する。

ステージでは、トークショーやダンスチームによるパフォーマンスのほか、テーマソングの合唱などが行われる。

ニポ
Niepo

ダウン症のある、マスコットキャラクター。はじける笑顔で幸せをふりまきます。友だちのことが大好き！

世界ダウン症の日（3月21日）に関連するイベント
みんなが自分らしく生きられるように

　2012年より、国際連合は国際デーの1つとして、3月21日を「世界ダウン症の日」に制定しました。ダウン症が、21番目の染色体が3本あると起こることにちなんでいます。

　公益財団法人日本ダウン症協会は、ダウン症の日に関連するさまざまなイベントを開催し、ダウン症への理解を深めてもらうための活動をしています。

2013年のイベント「みんなで一緒に進んでいこう2013」では、ファッションショーを開催。大人も子どもも、色とりどりの衣装をつけて参加。

2016年のイベント「マイフレンド・マイコミュニティ」での展示の様子。

「みんなで一緒に進んでいこう2013」では、ダンススクール「ラブジャンクス」のパフォーマンスも披露された。

part 7

社会での支援と仕事

ダウン症のある友だちは、地域や社会でどのような支援を受けているのか、また、どんな仕事に就いているのかを紹介します。

1 受けられる支援

わたしたちは、ひとりひとりが安心して生活を送るために、国や自治体などからさまざまな援助を受けています。少ないお金で病院を利用できたり、お年寄りになったときに年金がもらえたりするのは、この援助のおかげです。このような援助のおかげで、社会のみんなが平等に暮らせる環境のことを、福祉と言います。

障害者手帳

日本には、障害のある人に手帳を発行し、さまざまな支援をする制度があります。その手帳を受けることで、税金の控除や公共施設の利用料の割引、交通機関の運賃の割引、職業訓練などの支援が受けられます。

身体障害者手帳

視覚障害や心臓病など、体に障害がある人が受けられる手帳です。

療育手帳

知的障害（p.7）のある人が受けられます。都道府県によっては、「愛の手帳」「みどりの手帳」などと呼ばれることもあります。

精神障害者保健福祉手帳

日常生活で、精神障害による困難がある人が受けられます。

相談できる場所

困ったときは、自分や家族だけで抱えこまず、専門家に相談することが大切です。以下の機関は、ダウン症に関する相談を受けつけています。

児童相談所

ケースワーカーや臨床心理士、医師などの専門家が、18歳未満の子どもに関する相談を受けつけています。

保健所

医療や教育、育児に関する相談を受けつけています。保健師や医師が訪問し、悩みを聞いてくれる地域もあります。

福祉事務所

福祉サービスに関するあらゆる相談にのります。また、福祉サービス利用の開始決定、調整を行います。

知的障害者更生相談所

18歳以上の、知的障害のある人の相談に応じ、専門的な判定やケアを行います。

2 こんな仕事をしているよ

ダウン症のある人の多くは、ユーモアがあり、人づきあいが上手です。また、観察力や空間を認識する力がすぐれていて、まねをすることが得意です。手先が器用な人もいます。学校卒業後はさまざまな場所に就職しますが、工場や清掃業、サービス業で働く人が多いです。

また、つきぬけた才能を持ち、芸術の分野で活躍する人もいます。

一般の企業だけでなく、福祉作業所などで得意な作業をして働く人も多くいます。

コラム スワンベーカリー

株式会社スワンが運営するスワンベーカリーは、ダウン症のある人を含む障がいのある人の社会参加を応援しています。1995年1月、阪神淡路大震災が起きました。当時のヤマト運輸の社長、故・小倉昌男氏は、被災した共同作業所を訪ねました。そこで働く障がいのある人の給料の低さに、小倉氏は衝撃を受けます。この問題を解決するにはどうしたらいいか考えた結果、障がいのある人が自分で商品を売り、お金を稼ぐことのできるお店をオープンしました。それが、スワンベーカリーです。現在、全国の28店舗（フランチャイズ店を含む）で、350人以上の障がいのある人が働いています。

※株式会社スワンはヤマトグループの会社です。
※このコラムでは株式会社スワンの意向で「障害」を「障がい」と表記しています。

働く仲間が一緒になって、安全・安心を心がけている。焼きたてのパンだけでなく、エスプレッソが看板メニューのカフェスタイルのお店も。

冷凍パン生地を使用することで、いつでもおいしく焼ける。

仕事の探し方とサポート

- 特別支援学校高等部での現場実習
- ハローワークでの求職活動
- ジョブコーチ
- 障害者就労・生活支援センター
- 就労移行支援事業所

ダウン症のある人が就職するときに受けられる支援は、さまざまです。本人の気持ちを聞いて目標を立て、就職に必要な訓練を受けたり、履歴書の書き方や面接の準備をしたりします。

思いのたけを表現する

タケオ（新倉壮朗）さんはアフリカの太鼓のサバールやジャンベ、ピアノ、マリンバなどを演奏するミュージシャンです。彼の奏でる音楽に、多くの人が生きる喜びや勇気を感じます。

ミュージシャン　タケオ（新倉壮朗）

音にすぐ反応する子ども時代

　小さいころから、音楽が大好きなタケオさん。音楽にすぐに反応し、体を動かしていました。クラシック音楽に合わせて名指揮者のように指揮棒をふり、ピアノで思いのたけを奏でます。リズム感が抜群で、生き生きと音を楽しむ毎日でした。11歳のとき、新聞記事でセネガルの太鼓、サバールのワークショップを知り、参加します。これが、タケオさんとサバールとの出合いです。すぐにサバールの魅力にとりつかれ、1日中、無我夢中でたたき、腕をめきめきと上げました。タケオさんにはダウン症があり、筋力が弱い体質でしたが、太鼓をたたくうちにたくましい体つきになります。「好きこそものの上手なれ」ということでしょう。演奏はすべてその場で考え、その瞬間の気持ちが音になります。また、ダンスも表現方法のひとつです。全身を自由に、伸びやかに動かします。

演奏するタケオさん。

そのときの思いを、伸びやかに表現する。

夢のセネガルへ

　サバールのワークショップの先生は、サバール演奏の第一人者で人間国宝のドゥドゥ・ンジャイ・ローズさんの息子、アローナ・ンジャイ・ローズさんでした。アローナさんやセネガルのミュージシャンたちと親しく交流する中で、タケオさんはセネガルに行きたい気持ちをふくらませていました。「現地の人たちとサバールをたたきたい」と思ったのです。免疫力が弱いため、危険がともなう旅でしたが、21歳のときにこの夢が実現しました。セネガルではドゥドゥさんとセッションし、現地の人々にとけ込んで、たたき、踊り、楽しみました。セネガルのシンボルであるバオバブの樹の前での演奏と踊りは、大自然との語り合いのようでした。タケオさんの純粋な心は、どこでも、誰とでも通じ合えるのです。

ドゥドゥ・ンジャイ・ローズさんと。

音の開放広場

タケオさんは、障害のある友だちと音を楽しむ会を開いています。タケオさんが演奏する音の渦の中で、それぞれが好きなことをします。そのうちに自然と音を出したくなり、楽器で演奏し、だんだんとひとつの音楽になっていきます。身も心も自由に楽しむ、音の開放広場です。

定期コンサート「新倉壮朗の世界」は2016年に15回目をむかえ、ジャズピアニストの山下洋輔さんとセッションしました。山下さんはステージで「ぼくの音楽は

タケオさんのコンサートでは、誰もが自由に楽しむ。

フリージャズと言われていますが、本当にフリーなのはタケオ君です」と話し、終演後には「心が洗われ、本当に自由になれました」と感想をくれたそうです。

各地でコンサート活動をしていますが、どの会場でもタケオさん自身が楽しみ、共演者が楽しみ、お客さんが喜ぶステージを展開しています。そして、お客さんとステージの間に、垣根はありません。

表現者として人生をはつらつと謳歌し、ひたむきに生きています。

山下洋輔さんと共演したときのワンシーン。

プロフィール

1986年生まれ。2002年より定期コンサート「新倉壮朗の世界」を開催。パワフルなステージを繰り広げ、「タケオにしかできない、タケオだからできる」演奏で、即興音楽の楽しさを発信している。2011年、音楽を介したコミュニケーションをえがいたドキュメンタリー映画「タケオ」が完成し、日本および世界各地で好評を博す。絵をえがくのも大好きで、迷いの無い線でえがく女性や動物、花の絵は、無垢の美しさを持つ。

知っておこう　サバールとは?

西アフリカ、セネガルの民族楽器。くり抜いた木に、ヤギの革を張った太鼓です。手とスティックでたたきます。

part 8 苦手をサポートする道具

ダウン症のある友だちには、姿勢を保ったり、口や指を動かしたりするのが苦手な人がいます。また、動体視力が弱い人がいます。苦手なことは、グッズを使って補っています。

1 クッションと背もたれ

ダウン症のある友だちは筋力が弱いため、姿勢を保つことが苦手な人が多いです。しかし、ずっと悪い姿勢でいると、背骨が曲がってしまい、体によくありません。諒大くんも3年生のころは、姿勢を保つのが苦手でした。そこで、特別支援学校の先生は、骨盤が起きやすいクッションと背もたれを用意し、いすに取りつけました。おかげで諒大くんは、よい姿勢を保てるようになりました。今ではクッションと背もたれがなくても、姿勢よく座れます。

普通のいすに座る、3年生のころの諒大くん。背中が丸まっている。

クッションと背もたれつきのいすに座る諒大くん。姿勢よく座れている。

2 マウスピュア® 口腔ケアスポンジ

細い棒の先端にスポンジのついた、口腔ケア用のブラシ。口の中を傷つけることなく、歯ぐきやほおの内側、舌のよごれなどをやさしく取りのぞくことができます。ダウン症のある友だちの中には、筋肉が弱くて、口や舌が動かしづらい人もいますが、舌や口の中をみがくことがほどよいマッサージとなり、舌が動きやすくなったり、唾液の分泌がうながされたりすることもあります。

スポンジ部分の大きさは、小さめのものから大きめのものまであって、子どもから大人まで使用することができます。おもに食事の後、歯みがきの仕上げとして使います。

3　楽々箸・エジソンのお箸

　楽々箸は、箸に金具がついていて、スプーンやフォークをにぎるように、箸を使うことができます。また、ピンセットのようにものをつまむこともできます。毎回、一定量のご飯をつかむことができるので、ご飯やおかずを口に入れすぎるのも防げます。そうすることで、じっくりかむ習慣ができます。

　エジソンのお箸は、正しい持ち方で使うための練習用の箸です。リングに指を入れるだけですぐに正しく箸を持てます。

楽々箸ピンセットタイプ19.5cm樹脂製

楽々箸で、おかずを上手に口に運んでいる諒大くん（3年生のころ）。一口の量の分を、つまむことができた。

エジソンのお箸

4　目の動きを高める棒

　目の動きの向上をはかるため、特別支援学校の先生が作りました。ダウン症のある友だちの中には、目を動かす筋肉の神経が働きにくいために、遠くにあるものが見えづらい人もいます。見えづらいからといって、近いものばかり見ていると、目の動きが少なくなるため、筋肉は固まり、血行の流れも悪くなります。そして、ますます遠くを見づらくなるのです。

　こうした悪循環を防ぐために、この道具は作られました。棒の先についたキャラクターの絵を目で追うことで、楽しみながら、目の動きを高めることができます。

5　賢人パズル

　カラフルな7つのブロックで、木製のプレートの上に立方体を組み立てるパズルです。56種類の作品例を掲載したテキストブックを見ながら、同じ形を組み立てます。

　簡単なレベルから大人でも難しいものまであり、遊びながら忍耐力や集中力を養います。

　立体物を視覚的にとらえることができるため、脳の活性化につながります。また、色の区別をする学習にも役立ちます。

part 9 仲よくすごすために

p.12~15の「こんなときはどうする?」のページを読んで、どんなことを考えましたか? そこでの場面を中心に、さまざまな場面での解決方法を紹介しましょう。

解決方法はさまざま

ダウン症のある友だちと遊んだり、勉強したりするときには、まず体や心を理解し、相手の気持ちになることが大切です。ダウン症のある友だちの中には、動作や話し方がゆっくりな人もいます。一緒に遊んだり話したりするときは、ゆったりとした気持ちで、同じ時間を楽しみましょう。

これから紹介する解決方法は、どんなときでも正解とは限りません。なぜなら、ダウン症のある友だちも、みなさんも、ひとりひとりちがう人間だからです。ダウン症のある友だちと接する中で困難にぶつかったときは、相手の話を聞き、じっくり考えてみましょう。そのためのヒントにしてもらえると、うれしいです。

1 みんなでサッカーしているのに、すべり台で遊んでいたら……
どんなスポーツだったら楽しめるか聞いてみよう

ダウン症のある友だちには、運動をするとすぐにつかれてしまう子がいます。また、心臓などの病気により、激しい運動ができない場合があります。そのため、サッカーのようなスポーツが苦手な場合もあるのです。

また、体の関節や筋肉が大変やわらかく、首のつくりが弱いなどの理由から、水泳の飛び込みやトランポリン、走り高跳び、マット運動などができない子もいます。身体面以外にも、ルールの理解が難しいために、いくつかのスポーツが苦手な子もいます。

でも、ダウン症のある友だちでも、サッカーや水泳が好きで得意な子もたくさんいます。

好きなスポーツは人それぞれ。どんなスポーツが好きなのか、聞いてみましょう。

また、使う道具を変えることで、苦手なスポーツを楽しくすることもできます。例えば、ドッジボール。固いボールではなく、やわらかいディスク(円盤)を使うと、安全性が高いので思いきり楽しめます。

給食の時間が終わっても、食べていたら……
2 食べるペースは人それぞれ お互いのペースを大事にしよう

人は、体を動かすだけでなく、食べる・飲む・話すなど口を動かすときにも、筋肉が必要です。

ダウン症のある友だちは、この筋肉の力が弱いため、食べ物をかんだり飲み込んだりするのに時間がかかります。そのため、食事をする時間が長くなってしまうのです。だから、「早く食べて」と、あせらせるのはやめましょう。急いでかまずに食べると、体にもよくありません。

食べるペースは人それぞれ。おしゃべりをしすぎておそくなるのはよくありませんが、お互いのペースを大事にしながら、楽しく食事をしましょう。

なんて言っているのか、わからなかったら……
3 じっくり話そう、聞いてみよう

ダウン症のある友だちには、相手の話を理解したり、自分の気持ちを伝えたりするのが苦手な子もいます。そういうときには、ジェスチャーを使ってみましょう。そして、聞きたいことがあるときは、「はい／いいえ」や、一言で答えられる質問をすると、答えやすくなります。ゆっくりじっくり聞くことで、ダウン症のある友だちもあせらずに話せます。

また、否定形を使うのも、さけましょう。否定形とは、「〜しないで」ということばです。例えば、「ろうかを走らないで」と伝えたいときは、「ろうかは歩こう」と言った方がいいでしょう。理由は2つあります。1つ目は、「〜しないで」という言い方が、きつい印象を相手に与えるからです。ダウン症のある友だちは人の気持ちにびんかんなので、こういったことばに傷つきやすいと言われています。2つ目は、「〜しないで」よりも「〜しよう」と伝えた方が、具体的にどうすればよいのか伝わり、わかりやすいからです。ただし、けがや命の危険に関わる場合は、否定形で強く伝えることも必要です。

4 座り込んじゃったら……
じっくり考えているときはそっと見守ろう

ダウン症のある友だちが、腕組みしたり、しゃがんだりして考えこんでいたら、まずは少し離れたところから、見守りましょう。心の中ではいろいろ思っていても、ことばでうまく説明できないため、じっと考え込んでしまうことがあります。そんなとき、ダウン症のある友だちには時間が必要です。あれこれ話しかけてあせらせるよりも、見守るのが一番です。

 5 先生の指示とちがうことをしていたら……
教えたり、一緒に考えたりしよう

ダウン症のある友だちが、指示されたこととちがう行動をしていたら、何をすればよいのか、教えてあげましょう。

ダウン症のある友だちの中には、先生の指示をきちんと理解するのが苦手な人がいます。特に、一度にいろいろなことを言われたり、複雑な説明をされたりすると、とまどってしまいます。なるべく短いことばで、シンプルに伝えましょう。例えば、「色えんぴつをたくさん使って、カラフルな動物の絵をかく」と伝えたいときは、「動物の絵をかくよ。色えんぴつをたくさん使って、カラフルにしよう」などの言い方にすれば、頭に入りやすくなります。ことばで説明するのが難しかったら、絵カードやジェスチャーを使うのもいいでしょう。

話を理解するのが苦手なダウン症のある友だちは、しようと思っていることをなかなか行動に移せません。合っているかどうか、確信を持てないからです。そのため、迷っている友だちがいたら「大丈夫、できるよ」とはげましましょう。

6 「遊園地よりも、いつもの公園がいい」って言っていたら……
気持ちを尊重しよう

　ダウン症のある友だちが新しい場所に行きたくないと言ったら、なぜそう思うのか、聞いてみましょう。「怖い」「いつもの場所がいい」などのことばが出たら、不安なのかもしれません。それは、初めて行く場所でどのように行動すればいいのか、予想できないからです。例えば、できたばかりの遊園地にさそいたかったら、どんなアトラクションがあって、どんな風に楽しめるのか伝えてみましょう。

　また、ダウン症のある友だちの多くは、とつぜん予定が変わるのが苦手です。「公園でバーベキューするぞ」と思っていたのに、直前に遊園地に行くことになったら、いやな気持ちになるかもしれません。そんなときは無理強いせず、予定通り公園に行きましょう。遊園地へ一緒に行きたいことは、時間をかけて伝えればよいのです。

7 ぼくがイライラしていたら、落ち込んじゃったよ
いやなことがあったら話してみよう

　ダウン症のある友だちは、人の気持ちにびんかんな人が多いです。そのため、ほかの人がイライラしたり、悲しんだりしていると、自分まで悲しくなってしまいます。

　いやなことがあったときは、態度で表すのではなく、ことばで伝えましょう。きちんと話せば、気持ちをわかってもらえます。

8 急に押したり、腕をひっぱったりするのはやめよう

　ダウン症のある友だちには、体の関節や筋肉がやわらかい人が多くいます。体を急に押したり、腕を強くひっぱったりすると、思わぬ事故につながることもあるので、注意しましょう。

　また、ダウン症のある人は、感情が細やかでデリケートと言われています。しんちょうな面もあるため、友だちに痛いことをされたのをきっかけに、人づき合いが上手にできなくなってしまうこともあります。

9 同学年の友だちとして接しよう

　ダウン症のある友だちの中には、小がらな人や、丸顔でやさしい顔立ちの人が多くいます。

　また、人なつっこくて、にこにこと接してきてくれるので、同学年や年上であっても、自分のほうがお兄さん・お姉さんに思えてしまうこともあるでしょう。

　でも、ダウン症のある友だちも、子どもあつかいされるのはいい気分ではありません。人の気持ちを読み取る力が高く、困っている人を放っておけないという、大人な面もあります。

　対等につき合うことが、お互いを理解するための第一歩となります。

支援する団体

全国には、ダウン症のある友だちを支援する団体がいくつもあり、支援活動のほか、さまざまな交流活動も行っています。ダウン症のある友だちが困ったときや、ダウン症について知りたいときには、いろいろな情報も提供してくれます。おもな団体を3つ紹介しましょう。

① 公益財団法人 日本ダウン症協会

相談員がダウン症のある人とその家族に対して、個別相談を行ったり、全国を巡回してセミナーを開催したりしています。全国で5700名の会員がいます。

また、ダウン症のある人たちの書道、アート、音楽、ダンス、スポーツなどの活動にもスポットを当て、紹介しています。さらにアンケートなどを行い、会員に役立つ情報も、JDSニュースで日々発信しています（p.23でも活動を紹介）。

【参加方法】ホームページの「入会のお申し込み」を参照。
http://www.jdss.or.jp/index.html

② NPO法人 アクセプションズ

ダウン症のある子どもの親たちの有志団体です。ダウン症のある子どもやその家族が、健やかに暮らせる社会を目指しています。ダウン症のある人と一緒に歩く世界的なチャリティーウォーキングイベント「バディウォーク」（p.23で紹介）や「音楽フェスティバル」などを行なっています。

また、音楽や工作、料理などをテーマとしたワークショップも開催しています。

【参加方法】ホームページの「寄附&賛助会員募集」を参照。
http://acceptions.org/

③ 公益財団法人 スペシャルオリンピックス日本

知的障害のある人たちに、さまざまなスポーツトレーニングと発表の場（競技会）を提供している国際的なスポーツ組織です。知的障害のある人たちの健康増進、スポーツ技術の向上、自立、社会参加を目標に、ひとりひとりに合ったプログラムで指導。4年に1度の世界大会への出場を目指しています。

現在、世界170カ国以上、450万人のアスリートが参加しています（p.22でも活動を紹介）。

【参加方法】ホームページの「参加・支援する」を参照
http://www.son.or.jp/

さくいん

ア行

インクルーシブ教育システム ……………………… 16
絵カード ………………………………………………… 18
エジソンのお箸 ………………………………………… 29
NPO法人 アクセプションズ ………………………… 35

カ行

近視 …………………………………………………… 8,10
賢人パズル …………………………………………… 29
口腔ケアスポンジ …………………………………… 28
鼓膜 ……………………………………………………… 8

サ行

ジェスチャー ………………………………………… 31
視覚障害 ……………………………………………… 16
児童相談所 …………………………………………… 24
児童発達支援センター ……………………………… 17
弱視 ……………………………………………………… 8
斜視 ……………………………………………………… 8
就労移行支援事業所 ………………………………… 25
受精卵 …………………………………………………… 9
障害者就労・生活支援センター …………………… 25
障害者手帳 …………………………………………… 24
ジョブコーチ ………………………………………… 25
身体障害者手帳 ……………………………………… 24
スペシャルオリンピックス ……………………… 22,35
スワンベーカリー …………………………………… 25
生活単元学習 ………………………………………… 20
生殖細胞 ………………………………………………… 9
精神障害者保健福祉手帳 …………………………… 24
世界ダウン症の日 …………………………………… 23
染色体 ………………………………………………… 6,9
専門学校 ……………………………………………… 17

タ行

大学	17
ダウン症	6〜9
ダウン症の特徴	6〜8
知的障害	7, 35
知的障害者更生相談所	24
中耳炎	8
特別支援学級	16, 17
特別支援学校	16, 17, 18〜21, 28
特別支援教育コーディネーター	17

ナ行

難聴	8

ハ行

白内障	8
バディウォーク	23
パネルシアター	19
ハローワーク	25
福祉作業所	25
福祉事務所	24
保健所	24

ヤ行

山の都ふれあいコンサート	22

ラ行

楽々箸	29
療育手帳	24

これからできること

　ダウン症のある人の中には、いろいろな人がいます。音楽が好きな人、友だちにやさしい人、国語が得意な人……。逆に、いたずら好きな人、ちょっと意地悪な人、すごく頑固な人……。ふしぎなことに「ダウン症」という名前を聞くと、人は「ダウン症」や「障害」ということばにとらわれて、ダウン症のある人のことを誤解することがあります。でも、よく考えてみましょう。人は誰しも得意なことや苦手なことがあり、それはダウン症のある人も一緒です。ダウン症のある・なしや「障害」で見るのではなく、その人がどんな考え方をして、どんなことが好きなのか、得意なのか、見つめてみましょう。ひとりの友だちとしてお互いを思って助け合って生きていくことは、とても大切です。

監修

久保山 茂樹（くぼやま しげき）
独立行政法人 国立特別支援教育総合研究所 総括研究員

独立行政法人 国立特別支援教育総合研究所インクルーシブ教育システム推進センターにおいて、交流及び共同学習を含め、子どもたちが障害について理解していくための学習の在り方について、学校と連携しながら実践的な研究を進めている。『まるっと1年マンガでなるほど気になる子の保育』（メイト）、『気になる子の視点から保育を見直す!』、『子どものありのままの姿を保護者とどうわかりあうか』（以上、学事出版）などの著書がある。

村井 敬太郎（むらい けいたろう）
独立行政法人 国立特別支援教育総合研究所 主任研究員

独立行政法人 国立特別支援教育総合研究所インクルーシブ教育システム推進センターにおいて、地域実践研究事業を担当している。主な研究分野は知的障害のある子どもの体育、身体づくり。また、特別支援学校に在籍する自閉症のある子どもに関する研究、小中学校の通級による指導の体制づくりに関する研究に取り組んでいる。世界自閉症啓発デー日本実行委員会実行委員を務める。

製作スタッフ

編集・装丁・本文デザイン
株式会社ナイスク　https://naisg.com
松尾里央　石川守延　川北真梨乃　工藤政太郎　佐々木志帆

DTP
有限会社エルグ
佐々木高志　岩本和弥　玉井真琴　樋口泰郎

サバデザイン
小林沙織

イラスト
アキワシンヤ

取材・文・編集協力
石川千穂子

写真撮影
松田杏子

校閲
株式会社東京出版サービスセンター

商品提供・取材協力・写真提供

山梨大学教育学部附属特別支援学校
公益財団法人 スペシャルオリンピックス日本
山の都ふれあいコンサート実行委員会
公益財団法人 日本ダウン症協会
新倉壮朗
NPO法人 アクセプションズ
小林諒大
松井優子（独立行政法人 国立特別支援教育総合研究所）
株式会社スワン
川本産業株式会社
株式会社青芳製作所
株式会社ケイジェイシー
株式会社エド・インター

参考文献・サイト

『ダウン症のすべてがわかる本』
池田由紀江 監修（講談社）

『ダウン症児の母親です！毎日の生活と支援、こうなってる』
たちばなかおる 著（講談社）

『きいてみよう　障がいってなに？1 そもそも障がいってどういうこと？』
石川憲彦 監修（ポプラ社）

『きいてみよう　障がいってなに？3 学校で困っていることある？』
石川憲彦 監修（ポプラ社）

『きいてみよう　障がいってなに？4 社会で困るのはどんなこと？』
石川憲彦 監修（ポプラ社）

『「障害」について考えよう4 ゆっくりおとなに 知的障害のある子どもたち』
大南英明 監修（ポプラ社）

『発達と障害を考える本 5 ふしぎだね!? ダウン症のおともだち』
玉井邦夫 監修（ミネルヴァ書房）

『子どものためのバリアフリーブック 障害を知る本 2　ダウン症の子どもたち』
茂木俊彦 監修、池田由紀江 編、稲沢潤子 文（大月書店）

『子どものためのバリアフリーブック 障害を知る本 10 からだの不自由な子どもたち』
茂木俊彦 監修、藤井建一、中村尚子 編、稲沢潤子 文（大月書店）

『バリアフリーの本 7 知的障害のある子といっしょに』
石井葉、湯汲英史 文、渡辺眸 写真（偕成社）

公益財団法人 日本ダウン症協会 ホームページ　https://www.jdss.or.jp/
公益財団法人 スペシャルオリンピックス日本 公式サイト　https://www.son.or.jp/
NPO法人 アクセプションズ　公式サイト　https://acceptions.org/
厚生労働省 ホームページ　https://www.mhlw.go.jp/
文部科学省 ホームページ　https://www.mext.go.jp/

知ろう！学ぼう！障害（しょうがい）のこと

ダウン症（しょう）のある友だち

初版発行　2017年3月　　第4刷発行　2023年11月

監　修	久保山茂樹／村井敬太郎
発行所	株式会社金の星社 〒111-0056　東京都台東区小島1-4-3
電　話	03-3861-1861（代表）
FAX	03-3861-1507
振　替	00100-0-64678
ホームページ	https://www.kinnohoshi.co.jp
印刷・製本	図書印刷株式会社

40p 29.3cm NDC378　ISBN978-4-323-05656-2
©Shinya Akiwa, NAISG Co.,Ltd., 2017
Published by KIN-NO-HOSHI-SHA Co.,Ltd, Tokyo, Japan.
乱丁落丁本は、ご面倒ですが、小社販売部宛にご送付ください。
送料小社負担にてお取替えいたします。

JCOPY 出版者著作権管理機構 委託出版物
本書の無断複写は著作権法上での例外を除き禁じられています。複写される場合は、そのつど事前に出版者著作権管理機構（電話 03-5244-5088　FAX03-5244-5089　e-mail: info@jcopy.or.jp）の許諾を得てください。
※ 本書を代行業者等の第三者に依頼してスキャンやデジタル化することは、たとえ個人や家庭内での利用でも著作権法違反です。

知ろう！学ぼう！障害のこと

【全7巻】シリーズNDC：378　図書館用堅牢製本　金の星社

LD（学習障害）・ADHD（注意欠如・多動性障害）のある友だち
監修：笹田哲（神奈川県立保健福祉大学 教授／作業療法士）

LDやADHDのある友だちは、何を考え、どんなことに悩んでいるのか。発達障害に分類されるLDやADHDについての知識を網羅的に解説。ほかの人には分かりにくい障害のことを知り、友だちに手を差し伸べるきっかけにしてください。

自閉スペクトラム症のある友だち
監修：笹田哲（神奈川県立保健福祉大学 教授／作業療法士）

自閉症やアスペルガー症候群などが統合された診断名である自閉スペクトラム症。障害の特徴や原因などを解説します。感情表現が得意ではなく、こだわりが強い自閉スペクトラム症のある友だちの気持ちを考えてみましょう。

視覚障害のある友だち
監修：久保山茂樹／星祐子（独立行政法人 国立特別支援教育総合研究所 総括研究員）

視覚障害のある友だちが感じとる世界は、障害のない子が見ているものと、どのように違うのでしょうか。特別支援学校に通う友だちに密着し、学校生活について聞いてみました。盲や弱視に関することがトータルでわかります。

聴覚障害のある友だち
監修：山中ともえ（東京都調布市立飛田給小学校 校長）

耳が聞こえない、もしくは聞こえにくい障害を聴覚障害といいます。耳が聞こえるしくみや、なぜ聞こえなくなってしまうかという原因と、どんなことに困っているのかを解説。聴覚障害をサポートする最新の道具も掲載しています。

言語障害のある友だち
監修：山中ともえ（東京都調布市立飛田給小学校 校長）

言葉は、身ぶり手ぶりでは表現できない情報を伝えるとても便利な道具。言語障害のある友だちには、コミュニケーションをとるときに困ることがたくさんあります。声が出るしくみから、友だちを手助けするためのヒントまで詳しく解説。

ダウン症のある友だち
久保山茂樹（独立行政法人 国立特別支援教育総合研究所 総括研究員）
村井敬太郎（独立行政法人 国立特別支援教育総合研究所 主任研究員）

歌やダンスが得意な子の多いダウン症のある友だちは、ダウン症のない子たちに比べてゆっくりと成長していきます。ダウン症のある友だちと仲良くなるためには、どんな声をかけたらよいのでしょうか。ふだんの生活の様子から探ってみましょう。

肢体不自由のある友だち
監修：笹田哲（神奈川県立保健福祉大学 教授／作業療法士）

肢体不自由があると、日常生活のいろいろなところで困難に直面します。困難を乗り越えるためには、本人の努力と工夫はもちろん、まわりの人の協力が大切です。車いすの押し方や、バリアフリーに関する知識も紹介しています。